Building Construction Field Note

Building Construction Field Note ⟨BK⟩

2019年11月20日 [第1版第1刷発行]

編集——井上書院©

発行者——石川泰章

発行所——株式会社井上書院
東京都文京区湯島2-17-15 斎藤ビル
TEL:03-5689-5481 FAX:03-5689-5483
https://www.inoueshoin.co.jp

印刷所——株式会社ディグ

製本所——誠製本株式会社

装幀——川畑博昭

ISBN978-4-7530-0569-7 C3450
Printed in Japan

●本書の複製権・翻訳権・上映権・譲渡権・公衆送信権(送信可能化権を含む)は
株式会社井上書院が保有します。
● JCOPY 〈(一社)出版者著作権管理機構 委託出版物〉
本書の無断複写は著作権法上での例外を除き禁じられています。複写される場合は、
そのつど事前に、(一社)出版者著作権管理機構(電話:03-3513-6969/
FAX:03-3513-6979/e-mail:info@jcopy.or.jp)の許諾を得てください。